神秘教室

SHENMI JIAOSHI

发现植物的秘密

FAXIAN ZHIWU DE MIMI

知识达人 编著

成都地图出版社

图书在版编目（CIP）数据

发现植物的秘密 / 知识达人编著 . —成都：成都
地图出版社 , 2017.1（2021.6 重印）
（神秘教室）
ISBN 978-7-5557-0481-2

Ⅰ . ①发… Ⅱ . ①知… Ⅲ . ①植物—普及读物 Ⅳ .
① Q94-49

中国版本图书馆 CIP 数据核字 (2016) 第 213127 号

神秘教室——发现植物的秘密

责任编辑：向贵香
封面设计：纸上魔方

出版发行：成都地图出版社
地　　址：成都市龙泉驿区建设路 2 号
邮政编码：610100
电　　话：028 - 84884826（营销部）
传　　真：028 - 84884820

印　　刷：固安县云鼎印刷有限公司
（如发现印装质量问题，影响阅读，请与印刷厂商联系调换）

开　　本：710mm×1000mm　1/16
印　　张：8　　　　　　　字　　数：160 千字
版　　次：2017 年 1 月第 1 版　印　　次：2021 年 6 月第 4 次印刷
书　　号：ISBN 978-7-5557-0481-2
定　　价：38.00 元

前 言

　　在生活中，你是否遇到过一些不可思议的问题？比如怎么也弯不了的膝盖，怎么用力也无法折断的小木棍。你肯定还遇到过很多不理解的问题，比如天空为什么是蓝色而不是黑色或者红色，为什么会有风雨雷电。当然，你也一定非常奇怪，为什么鸡蛋能够悬在水里，为什么用吸管就能喝到瓶子里的饮料……

　　我们想要了解这个神奇的世界，就一定要勇敢地通过实践取得真知，像探险家一样，脚踏实地去寻找你想要的那个答案。伟大的科学家爱因斯坦曾经说："学习知识要善于思考，思考，再思考。"除了思考之外，我们还需要动手实践，只有自己亲自动手获得的知识，才是真正属于自己的知识。如果你亲自动手，就会发现膝盖无法弯曲和人体的重心有关，你也会知道小木棍之所以折不断，是因为用力的部位离受力点太远。当然，你也能够解释天空呈现蓝色的原因，以及风雨雷电出现的原因。

一切自然科学都是以实验为基础的，从小养成自己动手做实验的好习惯，是非常有利于培养小朋友们的科学素养的。让我们一起去神秘教室发现电荷的秘密、光的秘密、化学的秘密、人体的秘密、天气的秘密、液体的秘密、动物的秘密、植物的秘密和自然的秘密。这就是本系列书包括的最主要的内容，它全面而详细地向你展示了一个多姿多彩的美妙世界。还在等什么呢，和我们一起在实验的世界中畅游吧！

目 录

荨麻"生气了"

你需要准备的材料：

☆ 一小株荨麻

☆ 一根小木棍

☆ 一张纸

◎ 实验开始：

1. 先观察准备好的荨麻，找到荨麻上面的小刺芒；

2. 用小木棍轻轻碰掉小刺芒的尖端，注意别用手去碰；

3. 去掉小刺芒的尖端以后，用纸轻轻擦拭小刺芒的另一端；

4. 擦拭后看看纸上有什么东西。

◎有趣的发现：

你会惊奇地发现，小刺芒的另一端流出黑色的黏液，用过的纸也沾满了这种黏液。

皮特："那些黏液是什么东西啊？"

威廉："它怎么会在里面呢？有没有毒啊？"

查尔斯大叔："呵呵，听我慢慢说，荨麻这种植物，之所以非常厉害，原因就在于这种黏液。荨麻的叶和茎上都长着无数的刺芒，其中装满了含有蚁酸的液体，人和动物一旦碰到它，尖端就会破碎，而另一端在压力的作用下就会喷发出黏液，攻击它的'敌人'。这种黏液是有微量毒性的，会让皮肤产生痛痒感。不过不必担心，拿肥皂水洗洗就可以对付。"

荨麻是一种生长速度很快的草本植物，多生长在温润潮湿的山地林中。有趣的是，一些地区的人们称荨麻为"植物猫"，因为跑来偷食的老鼠一碰到它们就会逃之夭夭。目前荨麻的开发、应用也是很广范的。有些家庭、学校以及一些农林场所常常栽植荨麻来防盗。同时，荨麻是一种优质的饲料，还可用来纺织衣物。荨麻根还是一味重要的中药。近年来，杂交荨麻颇受欢迎，因为其地上嫩茎嫩叶不仅营养丰富，而且不论是素炒、凉拌还是烧汤都风味独特。

皮特："威廉看上去怎么那么高兴？"

艾米丽："哼，他做完荨麻的实验后就一直这样！"

查尔斯大叔："为什么？"

艾米丽："这回他可以用荨麻来吓唬人了！"

查尔斯大叔："小心自己的手……"

无花果真的是不开花就能结果吗

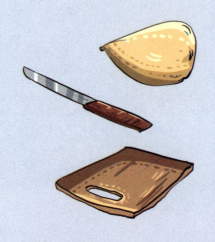

你需要准备的材料：

☆ 一颗四五月份的无花果树的果实

☆ 一把小刀

☆ 一块砧板

◎**实验开始：**

1. 用小刀切开无花果；

2. 观察里面有什么。

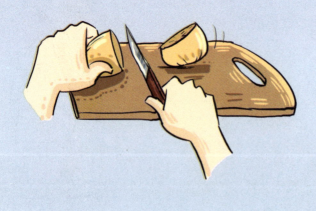

◎ 有趣的发现：

你会惊奇地发现，原来无花果的花是开在果实的里面的。

皮特："啊哈，这还真是神奇呢，我还以为无花真的没有花呢。"

艾米丽："那么，我们采摘的那个东西到底是花还是果实呢？"

查尔斯大叔："无花果的花朵其实是长在内部的子房里，简单点说就是果实的雏形里。我们采摘的那个"无花果"其实就是无花果树的果实，只不过是雏形，而且里面还有花朵。所以说，无花果是开花的。"

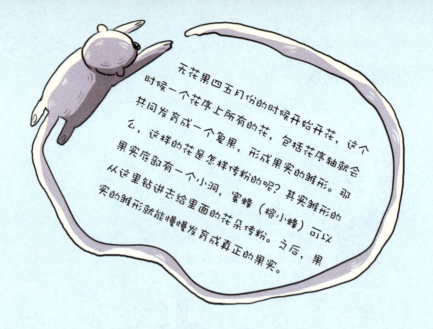

无花果四五月份的时候开始开花，这个时候一个花序上所有的花，包括花序轴就会共同发育成一个复果，形成果实的雏形。那么，这样的花是怎样传粉的呢？其实雏形的果实底部有一个小洞，蜜蜂（榕小蜂）可以从这里钻进去给里面的花朵传粉。之后，果实的雏形就能慢慢发育成真正的果实。

威廉："皮特那个家伙又跑哪儿去了？"

艾米丽："不会又去找无花果的花朵去了吧？"

威廉："都告诉他无花果的花是长在果实里面的，他偏不信，非说一定要找到其他的花朵出来。"

艾米丽："哈哈，真拿他没办法！"

豆芽变颜色了

你需要准备的材料：

☆ 两个小盘子

☆ 一块湿布

☆ 一大把黄豆

◎ 实验开始：

1．把黄豆放在一个小盘子里；

2．用湿布盖好，放在黑暗处；

3．几天后等黄豆发了芽，取出一半黄豆芽放在另一个小盘子里，不要盖任何东西，放在阳光充足的地方；

4．剩下的一半仍像从前那样放在黑暗处；

5．两天后，比较一下两盘豆芽有什么不一样。

◎有趣的发现：

你会惊奇地看到，阳光照射下的那盘豆芽变绿了，另一盘豆芽像刚发芽时一样，仍然呈金黄色。

皮特："为什么两盘豆芽颜色不一样呢？"

艾米丽："这两盘豆芽没有被放在同样的环境下，我想跟这个有关系吧？"

查尔斯大叔："呵呵，还是艾米丽观察得仔细。黄豆芽内含有叶绿素、叶黄素、花青素等不同的色素，什么色素的数量多一点，它就会呈现出这种颜色。放在阳光下的豆芽，在阳光的照射下，发生光合作用，产生了大量的叶绿素，使豆芽变绿了。而见不到光的豆芽体内叶黄素占绝对优势，所以它看上去就是金黄色。"

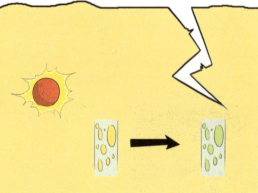

豆芽，在中国老百姓餐桌上是较普遍的蔬菜。在很多人印象中，豆芽可能是蔬菜中的"弱小子"，形容一个人身材羸弱时，就会说他"长得像根豆芽菜"。不过，别看这豆芽细细弱弱，可是古今通吃的宝贝。

威廉："查尔斯大叔，豆芽这么有营养呀？那我以后要多吃。"

查尔斯大叔："多吃对身体有好处。"

艾米丽："可是他瘦得就像豆芽，老吃豆芽那会变成什么样子啊？"

皮特哈哈大笑。

仙人掌会变魔术

你需要准备的材料:

☆ 一块新鲜的仙人掌

☆ 一把小刀

☆ 一杯浑浊的水

◎实验开始:

1. 用小刀在仙人掌上面割几道口子;

2. 在仙人掌口子周围稍微用力压一下,使它流出汁液;

3. 将切了口的仙人掌放在浑浊的水中慢慢搅动一分钟;

4. 当水中出现泡沫状杂质时停止搅动;

5. 三分钟后观察这杯水。

◎有趣的发现：

你会惊奇地看到，三分钟后，泡沫状的杂质沉淀到了水底，这杯浑浊的水变得比之前清澈了。

威廉："为什么水变清了呢？"

查尔斯大叔："呵呵，因为仙人掌的汁液有净化水的作用。当你用小刀把仙人掌割开口子，放入水中后，仙人掌的汁液便流入水里，其中类似泡沫状的杂质就是它的汁液。这种汁液有吸附杂质的功能，所以水中的浑浊物就被净化了，水也就变得清澈多了。"

艾米丽："仙人掌真是有用的植物。"

查尔斯大叔："仙人掌除了能净化水，还能改善空气成分呢！它呼吸时吸入二氧化碳，释放出氧气。"

仙人掌除了身上的刺以外，都可以入药，来"净化"人体里的毒素，它具有清热解毒、镇咳和止痛等许多功效。近年来，仙人掌还被用于治疗糖尿病和肥胖症呢。

威廉："查尔斯大叔，我觉得仙人掌一点都不好！"

查尔斯大叔："怎么了？"

艾米丽："哈哈，他肯定不小心被仙人掌的刺给扎了！"

蒜赶走了虫子

你需要准备的材料：

☆ 十个蒜瓣

☆ 一杯水

☆ 一个喷壶

☆ 两盆有虫害的花

◎ **实验开始：**

1．将十个蒜瓣捣烂成泥；

2．将蒜泥放入水中搅匀；

3．将蒜泥水倒在喷壶中；

4．把蒜泥水喷在其中一个花盆里，另一个不喷洒；

5．第二天观察花盆，看有什么发现。

◎有趣的发现：

你会惊奇地看到，喷过蒜泥水的花盆中叶片上的虫卵变干了，土中的小虫子也藏不住了，甚至连小昆虫都不敢在叶子上停留，花朵好像精神了一些。没喷蒜泥水的那盆花虫害情况依然没有改善。

皮特："为什么会这样呢？"

威廉："难道虫子怕大蒜吗？"

查尔斯大叔："呵呵，当然了。蒜是一种非常神奇的植物。它散发出的气味，具有强烈的刺激性，能起到杀菌消毒效果，而这也正好可以用于保护花卉。具体做法就是把蒜泥水喷到花盆里，当它的气味散发到四周时，就会形成一个保护圈，这样既赶走了花盆里的害虫，又阻止了外界害虫对花朵的侵害，可谓是一举两得。"

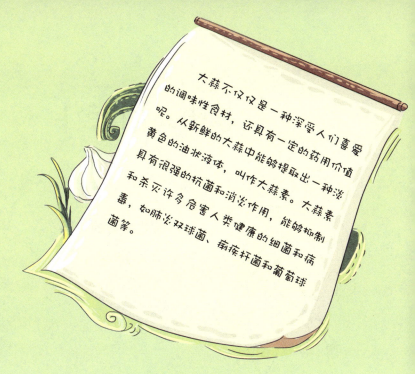

大蒜不仅仅是一种深受人们喜爱的调味性食材，还具有一定的药用价值呢。从新鲜的大蒜中能够提取出一种淡黄色的油状液体，叫作大蒜素。大蒜素具有很强的抗菌和消炎作用，能够抑制和杀灭许多危害人类健康的细菌和病毒，如肺炎双球菌、痢疾杆菌和葡萄球菌等。

威廉："查尔斯大叔，蒜有这么多好处啊？"

查尔斯大叔："当然了。"

威廉："那我以后应该多吃蒜。"

艾米丽："天哪！你不怕别人被你口中的蒜味熏到吗？"

透明的白萝卜

你需要准备的材料：

☆ 一个白萝卜
☆ 一锅水

◎ **实验开始：**

1. 将锅里的水煮开；
2. 把白萝卜的皮削干净；
3. 把白萝卜放在热水中煮一煮；
4. 观察煮过的白萝卜。

◎ 有趣的发现：

你会惊奇地看到，没有煮过的白萝卜颜色像牛奶一样白，根本不透明；在热水中煮过后，却变成透明的了，有点像玻璃。

威廉："白萝卜的表皮和里面都是白色的，但煮过后怎么变成透明的了？"

艾米丽："为什么会这样呢？"

查尔斯大叔："呵呵，其实原因很简单的。白萝卜内部有很多小孔，其中充满了空气。当阳光照到白萝卜上，空气会让光产生散射，这样就会让萝卜看起来很白。而将白萝卜放在水里煮过以后，水分渗进了白萝卜的空隙里，空气就被赶出来了。没有空气就会减少了光的散射，萝卜就变成半透明的了。"

白萝卜是一种常见的蔬菜，生食熟食均可，其味略带辛辣味。白萝卜里含有的芥子油、淀粉酶和粗纤维，具有促进消化、增强食欲、加快胃肠蠕动的作用。它有着皮薄、肉嫩、多汁、味甘、木质素少、嚼而无渣等优点，"萝卜响，咯嘣脆，吃了能活百来岁"等谚语也早已流传开来。

威廉："查尔斯大叔，我妈妈狠狠地罚了我一顿！"

查尔斯大叔："你又做什么淘气事情了？"

威廉："昨天做实验的时候，我把我妈妈买的白萝卜都浪费在锅里了，所以她罚我晚上不准看电视。"

艾米丽："你真的很有科学奉献精神呀！"

仙人掌死不了

你需要准备的材料：

☆ 一棵刚长出不久的仙人掌

☆ 一个装满水的喷壶

☆ 一盆土

◎**实验开始：**

1．把仙人掌种到干燥的土里；

2．将壶中的水喷到土中；

3．一个星期后去观察仙人掌。

◎有趣的发现：

你会惊奇地看到，盆中的土已经变干燥了，但是仙人掌还是嫩绿的，一点儿都没有枯萎。

威廉："仙人掌怎么还是那么壮实呀？"

艾米丽："为什么会这样呢？"

查尔斯大叔："呵呵，仙人掌具有储存水的功能。这是因为它的表面有层蜡质，可以帮助减少水分的蒸发和流失，与此同时，叶子也进化成了针状，这样就更加有利于减少水分的蒸发了。仙人掌通常发展众多的浅根，根系分布很广，以尽可能地吸收水分。当干旱时，它的根会枯萎、脱落，以减少水分的消耗。"

原始的仙人掌类植物是有叶的，生长在不太干旱的地区，外形和普通的植物并没有多大的区别。由于环境变化，湿润的地区变得越来越干旱，为了适应环境，仙人掌叶子的外形就由正常的偏平叶逐渐退化成圆筒状，进而又退化成鳞片状，直至变成刺状。不过，我们还是能见到这种最为原始的仙人掌，比如在中美洲一些不是很干旱的地区，还分布着一些原始的仙人掌类植物。

威廉："我真希望自己是仙人掌。"

查尔斯大叔："为什么？"

威廉："这样就没人敢欺负我了。"

查尔斯大叔："……"

苹果削皮后变色

你需要准备的材料：

☆ 一个新鲜的苹果

☆ 一把水果刀

◎ **实验开始：**

1. 用水果刀将苹果皮削干净；

2. 十分钟后，观察苹果肉的颜色。

◎有趣的发现：

你会惊奇地看到，苹果刚被削完皮时，果肉是白色的，水分非常多，看上去非常新鲜；十分钟后，果肉开始变成淡黄色，样子有些干瘪。

艾米丽："是啊，苹果削完皮之后，颜色怎么变成淡黄色了呢？"

威廉："太奇怪了！"

查尔斯大叔："呵呵，让我来告诉你们原因吧！苹果的身体里有成千上万个我们肉眼看不到的植物细胞，这些植物细胞中含有一种酚类物质，就是因为有这种物质的存在，被摘下后的苹果才可以继续呼吸并保持新鲜，供我们放心地食用。但是这种酚类物质如果与空气中的氧气相接触，就会转变为另一种醌类物质，并且导致植物细胞迅速地变成褐色。因此，失去果皮保护的苹果肉，在空气中放置一小会儿，就由白色变为黄褐色了。"

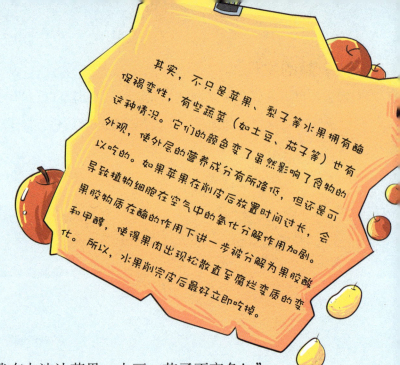

其实，不只是苹果、梨子等水果拥有酶促褐变性，有些蔬菜（如土豆、茄子等）也有这种情况。它们的颜色变了虽然影响了食物的外观，使外层的营养成分有所降低，但还是可以吃的。如果苹果在削皮后放置时间过长，会导致植物细胞在空气中的氧化分解作用加剧。果胶物质在酶的作用下进一步被分解为果胶酸和甲醇，使得果肉出现松散直至腐烂变质的变化。所以，水果削完皮后最好立即吃掉。

皮特："我有办法让苹果、土豆、茄子不变色！"

查尔斯大叔："什么办法？"

皮特："掺点西红柿汁就行了。"

查尔斯大叔："为什么？"

皮特："因为西红柿中含有一种叫作谷胱甘肽的物质，谷胱甘肽具有抑制深色色素的功效，如果涂抹在苹果、土豆和茄子的表面，就可以防止它们变色啦！"

雨后"疯"长的蘑菇

你需要准备的材料：

☆ 潮湿的林地

◎ **实验开始：**

1. 下雨前，观察这块空地；

2. 下雨后，再次观察这块空地。

◎有趣的发现：

你会惊奇地看到，树底下长出了许多小小的蘑菇。

皮特："蘑菇是不是特别喜欢洗澡呢？"

查尔斯大叔："其实蘑菇一直都在生长，只不过它的身体分为两部分而已。一部分是埋在土里的菌丝体，它是一种白色的丝状物；另一种是子实体，就是我们平时在地面上看到的小伞一样的蘑菇了。菌丝体只有等到水分极其充足的时候，才能分化出子实体。因此平常时候的菌丝体一直在地下默默地积蓄养分，等到下雨的时候，它才鼓足劲儿分化出子实体，然后冲出地面。这就是为什么在下雨前，树下还空无一物，而一场大雨过后，我们就会看到一簇簇小蘑菇冒出了头。"

雨后的树林中，常会看到一丛丛破土而出的蘑菇伞，五彩缤纷，惹人喜爱。不过，有些艳丽的蘑菇却是含有剧毒的，误食甚至会有生命危险，而那些可食用蘑菇确实是味美可口，营养丰富。

艾米丽："我好想吃小鸡炖蘑菇！"

查尔斯大叔："你不是改吃素了吗？"

艾米丽："是啊！我会只吃蘑菇不吃小鸡的。"

查尔斯大叔："……"

爱听轻音乐的番茄

你需要准备的材料：

☆ 一块空地
☆ 两株番茄苗
☆ 两副耳机
☆ 两个随身听

◎ 实验开始：

1. 在空地里种两株番茄苗；
2. 在两株番茄苗的枝干上各挂上一副耳机；
3. 其中一株用随身听放轻音乐，另一株用随身听放摇滚音乐；
4. 三个月后，观察两株长大的番茄，看看它们之间有什么不同。

听摇滚乐
的番茄

听轻音乐
的番茄

◎有趣的发现：

你会惊奇地看到，每天都听轻音乐的番茄长得非常茁壮，而且果实既饱满又鲜亮；每天都听摇滚音乐的番茄则枝叶发黄，不但没有结出果实，反而快要枯萎了。

威廉："难道番茄爱听轻音乐吗？"

听轻音乐的番茄

查尔斯大叔："呵呵，其实番茄能听懂音乐，而且喜欢听音乐。那么，它到底喜欢听哪种音乐呢？番茄对音乐是有选择的。人们通过实验发现，听了舒缓、轻松音乐的番茄长得更为茁壮，而听了喧闹、杂乱无章音乐的番茄则生长缓慢，甚至死去。至于原因嘛，因为那些舒缓、动听的音乐，它们的声波是规则振动的，使得植物体内的细胞分子也随之共振，加快了植物的新陈代谢，从而使植物的生长加速起来。美国科学家曾对 20 种花卉进行了对比观察，发现噪声会使花卉的生长速度平均减慢 47%。若是播放摇滚乐，就可能使某些植物枯萎，甚至死亡。

听摇滚乐的番茄

甜菜、萝卜等植物都是"音乐迷"。曾有研究人员用"听"音乐的方法培育出了7千克重的萝卜、小伞那样大的蘑菇和10千克重的卷心菜。

威廉："番茄听音乐长得快另有原因！"

查尔斯大叔："说来听听。"

威廉："是因为番茄不喜欢听音乐。"

查尔斯大叔："那为何还长得快呢？"

威廉："因为它受不了音乐的折磨，想早点被人吃掉。"

查尔斯大叔："哈哈哈！"

玉米长胡子

你需要准备的材料：

☆ 一片玉米地

◎ **实验开始：**

1. 记住没有成熟的玉米的样子；

2. 等玉米成熟了，再观察它的样子，看看有什么变化。

◎有趣的发现：

你会惊奇地看到，玉米成熟之后，在它的顶端长出了一缕长长的"胡须"，就像老爷爷的胡子一样。

皮特："为什么玉米成熟了就会长'胡子'呢？"

艾米丽："'胡子'是从哪里冒出来的啊？"

查尔斯大叔："它看上去很像人的胡子吧？其实那是玉米的花柱，当花柱散发出花粉，落在柱头上，就萌发出花粉管，花粉中的精子沿花粉管运动，在胚珠中受精后，在子房就发育成了果实，它就是玉米粒。所以说花柱正是玉米粒最开始的种子。'胡子'对人体有很多益处，它有利尿、降糖的功效。煮了玉米的水喝了也可以辅助降血糖，调理身体内的胰腺，去火，治小儿尿床，还可以防止龋齿。煮熟的玉米棒子之所以吃完后芯子会有一股甜味，那其实就是纯正的木糖醇味道。"

在夏季吃玉米时，大家都爱光煮玉米，而把须扔掉。其实在中药里，玉米须又称"龙须"，把留着须的玉米放进锅内煮，熟后倒出的汤水，就是"龙须茶"。夏季里暑气重，它有凉血、泻热的功效，可祛体内的湿热之气，也有利水、消肿之用。高血脂、高血压、高血糖的病人喝了玉米须煮的水，可以降血脂、降血压、降血糖。

艾米丽："听说女生都爱吃玉米。"

威廉："是的，我家的猫也爱吃玉米！"

艾米丽："这跟你家的猫有什么关系啊！"

威廉："有呀！我家的猫是母猫。"

艾米丽："你……"

圆圆的树

你需要准备的材料：

☆ 一张森林公园的门票

国家森林公园

◎**实验开始：**

1. 进入森林公园，观察你看到的树干的形状和轮廓；

2. 多观察几种树，你会发现什么？

◎有趣的发现：

你会看到，无论什么种类的树，它们的树干的形状都是圆的。

皮特："为什么每棵树的树干都是圆的呢？"

威廉："没有别的形状吗？"

查尔斯大叔："世界上所有的生物为了生存，总是会朝着对环境最有适应性的方面发展的。植物也是如此，每一棵树的树干都是圆的，无一例外。树木是多年生的植物，它的一生要遭受很多外来的伤害，特别是来自大自然的袭击。如果树干是方形、扁形或有其他棱角的，会更容易受到来自外界的冲击伤害。但是，圆形的树干就不同了，狂风吹打时，不论风卷着尘沙杂物从哪个方向来，受影响的程度都会大大减小。因此，进化才是自然界万物生长不息的永恒规律。"

在几何学中，同圆周情况下圆的面积比其他任何形状的面积都大。也就是说，数量相同的材料，圆形可以做成面积最大的东西。

任何一棵树，哪怕它的树冠参天雄大，也依然只是靠一根主干来支撑，尤其是果实累累的树，更要靠树干的有力支撑，而圆柱形的支撑力是最强的。

威廉："地球是圆的，车轮是圆的，圆真是好东西！"

查尔斯大叔："是啊，不过人可不能太圆。"

威廉："什么意思？"

查尔斯大叔："人若是太圆就看不到棱角了。"

神奇的花粉

你需要准备的材料:

☆ 一个放大镜

◎**实验开始:**

1. 春天到一片种有黄瓜的菜地里,仔细的观察黄瓜藤上开出的黄色小花;

2. 刚进入夏季时,再来观察这朵花,看看花朵有什么变化,并用放大镜仔细地寻找原因。

春天的
黄瓜花

夏天的
黄瓜花

◎有趣的发现：

你会惊奇地看到，这朵小黄花有些枯萎了，但是在它的下方长出一个大约有2厘米长的小黄瓜。

威廉："花朵的下面怎么长出一个小黄瓜呢？"

艾米丽："你用放大镜观察时，没有发现花朵的中间有一个圆圆的小盘子吗？我猜一定与这个有关系。"

查尔斯大叔："呵呵，还是艾米丽观察得仔细。花朵下面长出小黄瓜的秘密就在这个小盘子里。这个小盘子的中间盛有一种叫作花粉的物质。植物的繁殖过程就是雄花的花粉落到雌花的花柱上，花柱上生有花粉管，花粉中的精子随着花粉管的延长而一直向下移动，直至进入胚珠内部，然后与胚珠里的卵细胞结合完成受精作用。所以说，花粉是植物用来繁殖的重要器官。不过花粉极其娇嫩，会在花朵被采摘的几分钟后就失去活力，同时温度与湿度对花粉的活力影响也很大。"

世界上许多专家教授依据现代科学分析证明，花粉不仅是植物的生命源泉，而且还是一座"微型营养宝库"。花粉中所富含的营养成分是最全面的，包括大量蛋白质和各种维生素，其他任何天然食品都无法与之相比拟。

花粉既可以口服，又可以外用，长期使用，不仅能增强体质、改善精神状态，还能起到美容和抗衰老的作用呢。

威廉："我对花粉过敏！"

皮特："那你肯定对艾米丽也过敏吧！"

威廉："为什么？"

皮特："艾米丽离不开花粉。"

威廉："难怪我总是跟她拌嘴了。"

香蕉坏了

你需要准备的材料：

☆ 一个冰箱

☆ 一串香蕉

☆ 一根绳子

◎ **实验开始：**

1. 将几根新鲜的香蕉放在冰箱中保存一天；

2. 再将几根同样新鲜的香蕉用绳子拴在一起，挂在通风处保存一天；

3. 一天后看看它们有什么变化。

◎有趣的发现：

你会惊奇地看到，放在冰箱中的香蕉变得有点黑，吃起来味道也不新鲜；挂在通风处的香蕉几乎没有变化，吃起来味道仍然新鲜。

皮特："为什么会这样呢？我们平时买的食物不都是放在冰箱中保存的吗？"

威廉："香蕉在冰箱保存一天以后怎么就出现了黑点，而且口味也差了呢？"

查尔斯大叔："这是因为香蕉被采摘后，会产生一种名叫乙烯的果实催熟剂。被放进冰箱里的香蕉会释放大量的乙烯，而这些过量的乙烯得不到稀释，会加快催熟香蕉的速度，香蕉就会逐渐变黑、腐烂。"

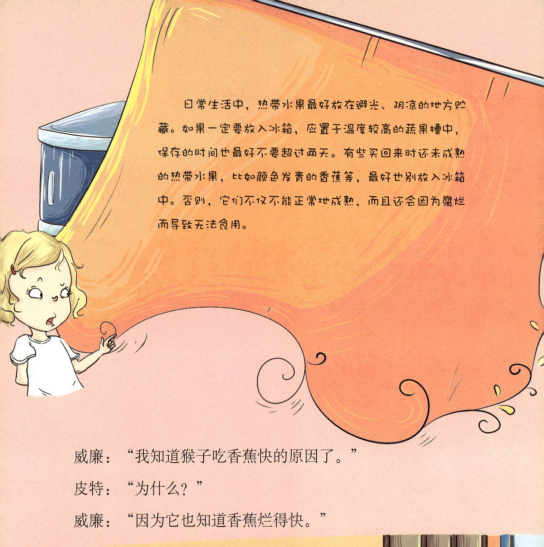

日常生活中，热带水果最好放在避光、阴凉的地方贮藏。如果一定要放入冰箱，应置于温度较高的蔬果槽中，保存的时间也最好不要超过两天。有些买回来时还未成熟的热带水果，比如颜色发青的香蕉等，最好也别放入冰箱中。否则，它们不仅不能正常地成熟，而且还会因为腐烂而导致无法食用。

威廉："我知道猴子吃香蕉快的原因了。"

皮特："为什么？"

威廉："因为它也知道香蕉烂得快。"

"怕痒痒"的含羞草

你需要准备的材料：

☆ 一株含羞草

☆ 一盒火柴

☆ 一颗冰块

◎实验开始：

1．先观察准备好的含羞草，仔细观察它的叶子的状态；

2．先用手轻轻碰一下它的叶子，观察叶子的变化；过一段时间，叶子又有什么变化呢；

3．再用冰块触碰一下它的叶子，观察叶子的变化；过一段时间，叶子又有什么变化呢；

4．最后再用点燃的火柴慢慢靠近叶子，观察叶子的变化；过一段时间，叶子又有什么变化呢？

◎有趣的发现：

你会惊奇地发现，无论用什么东西接触含羞草，它对称的叶子都会自动闭合。再碰一碰，它的茎也会垂下，就像一个生病的人，连腰也直不起来。可过了一会儿，它的叶片就会自动展开，茎也自动抬起来了，试了几次都会这样。

皮特："含羞草真的既怕痒痒又怕热吗？"

查尔斯大叔："呵呵，看上去好像是含羞草既怕痒痒又怕热，其实不是的。若我们仔细观察，就会看到在含羞草的小叶片和叶柄、叶柄与茎相连接的部位有一个大大的结，它就是含羞草对刺激反应最敏感的部位，叫叶枕。叶枕里充满了水分，并有很大的压力。当我们用手指去碰含羞草的时候，叶枕下部细胞里的水分，在压力的作用下就会向上部和两侧流去，于是叶枕上半部就会鼓起来，而下半部就瘪下去，而叶柄也就会低垂下去了。"

水分

其实，上面实验里所见到的含羞草的这种特殊的本领是有历史渊源的。含羞草最早生长于热带南美洲的巴西，那里常有大风大雨。当第一滴雨打着叶子时，它立即会将叶片片闭合，叶柄下垂，以躲避狂风暴雨对它的伤害。因此，今天我们所看到的含羞草所具备的这一神奇功能同样是进化的结果。另外，含羞草的这种运动也可以看作是一种自我防卫机制，动物稍一碰它，它就合拢叶子，动物也就不敢再吃它了。

艾米丽："含羞草真懂得保护自己！"

皮特："哼，一碰就躲的家伙怎么保护自己？"

艾米丽："难道像你一样鸡蛋碰石头啊！"

皮特："什么叫鸡蛋碰石头，那叫四两拨千斤！"

豆浆变豆腐

你需要准备的材料：

☆ 一杯无糖豆浆

☆ 一些石膏

☆ 一支小匙

☆ 一块干净纱布或棉布

☆ 一个600毫升的空塑料瓶

☆ 一把小刀

☆ 一支红色的彩笔

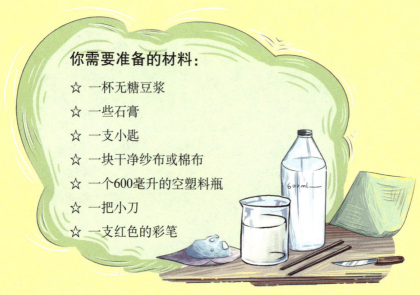

◎**实验开始：**

1．在距空瓶底部约10厘米处用红色的彩笔水平画上一圈，然后用小刀沿着这圈线将空瓶裁断；

2．然后在裁好的空塑料瓶中倒入约3厘米高的无糖豆浆；

3．再将1/3匙的石膏粉加入豆浆中，并搅拌均匀；

4．静置约15分钟后，观察塑料瓶中的情况。

◎有趣的发现：

你会惊奇地发现，瓶底已经有沉淀物了。将上层澄清的液体倒掉，取沉淀物倒于干净棉布中，再将里面的水分除去，轻轻挤压让水分渗出即可。不可用力过度，否则会将沉淀物挤出。从棉布中取出已制作好的物质，也就是豆腐。

皮特："豆浆变豆腐，太神奇了！"

艾米丽："它是怎么做到的呢？"

查尔斯大叔："呵呵，原理其实很简单的。豆浆中的蛋白质成分，加入石膏或醋等电解质后，就会被电荷中和，而凝结成较大的颗粒，再去水后沉淀，就变成了豆腐。但是，糖不能与蛋白质中的电荷中和，所以只有无糖豆浆才能制成豆腐。"

豆浆是一种深受人们喜爱的纯天然饮品，被欧洲人称赞为"植物奶"。豆浆中含有丰富的植物蛋白和维生素等对人体有益的成分。豆浆跟豆腐一样，也含有铁和钙等矿物质，虽然它所含的钙的分量比不上豆腐，但却遥遥领先于其他乳类制品。豆浆适合各类人群饮用，是一种老少皆宜的健康饮品。

一年四季都适合饮用新鲜的豆浆。在春季和秋季喝豆浆，既可以调节人体的内分泌，又能消干润燥；在夏季喝豆浆，可以防止中暑；在冬季喝豆浆，不但可以暖胃，还能滋补身体。在日常生活中，除了用黄豆榨豆浆之外，还可以在其中加入红枣、枸杞、绿豆和百合等。这样榨出来的豆浆，不但美味可口，还更具营养价值呢！

皮特："我要奉劝那些惹我的家伙。"

艾米丽："奉劝什么？"

皮特："谁再惹我，我就拿豆腐砸他！"

人造琥珀——松香

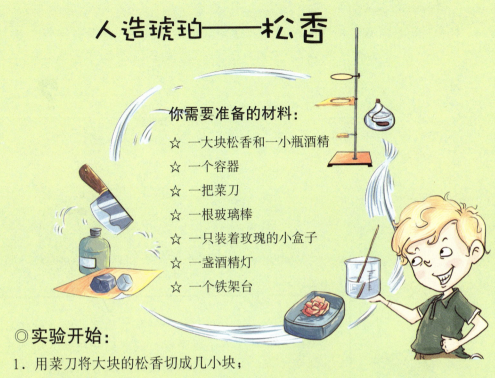

你需要准备的材料：

☆ 一大块松香和一小瓶酒精

☆ 一个容器

☆ 一把菜刀

☆ 一根玻璃棒

☆ 一只装着玫瑰的小盒子

☆ 一盏酒精灯

☆ 一个铁架台

◎实验开始：

1. 用菜刀将大块的松香切成几小块；

2. 向容器里倒入切好的松香和酒精，松香与酒精的比例大约为10:1；

3. 然后将容器固定在铁架台上，并将点燃的酒精灯放到其底部加热；

4. 用玻璃棒不断地搅动；

5. 等松香融化了以后，慢慢地将松香倒入装有玫瑰的纸盒里，直到把玫瑰淹没；

6. 大约一个小时后，等松香凝结，小心地撕去外面的纸盒，你会发现什么？

◎有趣的发现：

你会惊奇地发现，凝固的松香将玫瑰完全包裹了起来，变成了一个"琥珀"。这个"琥珀"晶莹剔透，里面的玫瑰栩栩如生，颜色也异常鲜艳。

艾米丽："琥珀真漂亮，可是它是怎么形成的呢？"

威廉："它能保存多久呢？"

查尔斯大叔："呵呵，这个实验的原理是松香融化后呈粘稠状，待其再次凝固后，能达到一般物品所不能击碎的硬度。所以，再次凝固后的松香不论从外形、色泽度，还是硬度上来看，都与真正的琥珀非常接近。这样一来，只要将松香好好处理一下，便可以得到一块非常美丽的人造琥珀了。由松香做成的人造琥珀可永久保存，由于它的内部是真空状态，所以植物与外界是完全隔绝的，不用担心会腐败掉。"

琥珀的价格差异很大，这主要看琥珀的成色和出产的地点。琥珀种类有很多，如血珀、金珀、绿珀和蓝珀等，其中最昂贵的就要数绿珀和蓝珀了。

皮特："我把刚做好的玫瑰琥珀送给你吧。"

艾米丽："我才不要呢，你还是把它送给别人吧！"

皮特火冒三丈。

发酵的葡萄

你需要准备的材料：

☆ 一串葡萄（最好是山葡萄）

☆ 一个可以密封的储存容器

☆ 一只勺子

☆ 一大块洁净的白色纱布

☆ 一只漏斗

◎ **实验开始：**

1．先将葡萄清洗干净，放置一旁沥干水分；

2．将手洗干净，把葡萄一颗一颗地摘下来放进容器里，然后用勺子将它们压扁；

3．盖上容器的盖子，密封放置2到3个月；

4．2到3个月后，开启容器的盖子，查看里面的葡萄汁液是否已经产生气泡；

5．如果葡萄汁液已产生气泡，用纱布将其过滤一遍，然后用勺子舀来尝一尝。

◎有趣的发现：

你会惊奇地发现，做好的葡萄汁喝起来有一股葡萄酒的味道。

皮特："葡萄变成葡萄酒了吗？"

艾米丽："真是太神奇了！"

查尔斯大叔："呵呵，原理其实很简单的。葡萄在密封的情况下，葡萄上附带的发酵菌会将葡萄中的葡萄糖转变成酒精。所以葡萄就变成葡萄酒了。"

如果我们用果皮是紫红色的、果肉是白色或红色的葡萄来发酵葡萄酒的话，制成的葡萄酒的颜色会呈现出宝石红或石榴红，倒进透明的高脚杯里，就像是盛着一块晶莹剔透的红宝石。但并不是所有葡萄酒都是红色的哦！如果我们用白葡萄来酿造葡萄酒的话，酿制出的葡萄酒的颜色大多是无色的；也有的微黄中带有一点绿，呈现出浅黄或金黄色。

这样看来，酿酒师们就如同一群艺术家，各种颜色的葡萄就像是他们的颜料，而酿出的葡萄酒就是这些"颜料"经过微妙变化后，幻化出的精美艺术品。

皮特："威廉看上去脸怎么那么红呀？"

艾米丽："哼，他做完葡萄酒的实验后，就一口气把制作出来的葡萄酒全喝了！"

杨树掉叶子了

你需要准备的材料：

☆ 一棵杨树

◎实验开始：

1. 到了秋天，观察杨树的周围；

2. 捡一片杨树叶，观察它与夏天时相比有什么变化。

◎有趣的发现：

你会惊奇地发现，杨树的周围有许多落叶，而且会不时地掉落。捡一片树叶，会发现它非常干燥，没有什么水分。

艾米丽："秋天树为什么会掉叶子呢？"

威廉："掉下的叶子都那么干，是不是缺水了？"

查尔斯大叔："树木落叶是一种正常的现象。别看树叶很小，但是它们具有蒸腾作用，能通过蒸发树木体内的水分，带动光合作用，为树木的健康生长提供源源不断的动力。但是，到了秋冬季节时，日照时间缩短，降雨量减少，土壤干燥，气温降低。为了保持树干的温度以及防止树木体内的水分快速流失，就不需要树叶再进行蒸腾作用了，于是树叶就脱离了树木。而脱落的树叶也失去了母体所供给的养分和水分，叶细胞逐渐死去，自然就会干枯了。不过可别小看这些干枯了的小树叶呢，它们慢慢地干枯、腐烂后，会化作养料渗入地下，为树根吸收，直到死去都尽可能地奉献自己的一切。"

杨树是世界上分布最广、适应性最强的一类树种。在北半球的温带和寒温带，自平原到高原均有分布。

在我国，许多地方都分布着大面积的杨树林，像一排排哨兵一样保卫着脚下的土地。白杨树分为很多种，在我国最北方的大、小兴安岭中，以甜杨和大青杨居多；南方地区的滇杨比较多；而西部地区主要生长着耐干旱、耐盐碱的胡杨、银白杨和银灰杨等。

皮特："今天早上，我在去上学的路上看到一位清洁工阿姨在清扫路边的树叶。看起来真麻烦呀！"

艾米丽："是呀！"

查尔斯大叔："树叶也给人们带来了许多的麻烦。"

艾米丽："长大了我要发明一种车，能边走边吸落叶，这样就省事了。"

查尔斯大叔："有志向的孩子。"他说着转头问威廉，"你长大想干什么呢？"

威廉："这个嘛……"

艾米丽："他负责开这种车。"

众人大笑。

红薯变甜了

你需要准备的材料：

☆ 两块生红薯

☆ 一口蒸锅

☆ 一个袋子

◎ **实验开始：**

1．把一块生红薯放进蒸锅里蒸熟，并将它吃掉；

2．把另一块生红薯放在袋子里；

3．五天后再把放在袋子里的红薯蒸熟，看与之前的那一块味道相比有什么不同。

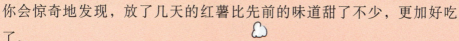

◎ **有趣的发现：**

你会惊奇地发现，放了几天的红薯比先前的味道甜了不少，更加好吃了。

威廉："为什么红薯放久了就变得更好吃了呢？"

查尔斯大叔："这与红薯中所含成分的转化有关系。红薯在成熟的过程中，只积累了大量淀粉。从田地里挖出它们并储藏起来之后，由于温度的降低，红薯体内的淀粉会越来越少，但是这些淀粉并不是凭空消失了，而是分解成了糖。这样一来，红薯储存的时间越久，所含的糖就越多，吃起来也就越甜。"

糖

糖

因为不同地区的人们对红薯的称呼不同，所以导致了红薯的别名特别多。北京人叫它白薯，上海人、天津人和江苏人称它为山芋，河北人则称它为山药或者红山药，山东人、东北人、福建人和广西人叫它地瓜，安徽人称它为红芋，陕西人、重庆人、四川人和贵州人又称它为红苕，湖北人称其为红薯，浙江人、江西人称其为番薯……

有的时候，同一地区不同区域的人们对红薯的称呼也不尽相同。如果以后你听到了它的这些别名，可一定要知道说的都是红薯哦！

皮特："我昨天看见威廉把红薯放在自己的床底下了。"

查尔斯大叔："他要干吗？难道想吃甜红薯吗？"

艾米丽："哼，他的床底下放着他的臭鞋，那些红薯过几天还能吃吗？"

竹子死了

你需要准备的材料:

☆ 一棵竹子

◎ **实验开始:**

1. 观察一棵竹子,开花后继续观察;

2. 不久后你发现了什么?

◎有趣的发现：

你会惊奇地发现，开花后的竹子不久就变得越来越枯萎，慢慢死掉了。

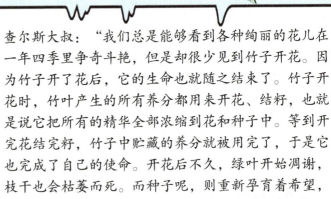

皮特："竹子在开花后怎么很快就死掉了呢？"

查尔斯大叔："我们总是能够看到各种绚丽的花儿在一年四季里争奇斗艳，但是却很少见到竹子开花。因为竹子开了花后，它的生命也就随之结束了。竹子开花时，竹叶产生的所有养分都用来开花、结籽，也就是说它把所有的精华全部浓缩到花和种子中。等到开完花结完籽，竹子中贮藏的养分就被用完了，于是它也完成了自己的使命。开花后不久，绿叶开始凋谢，枝干也会枯萎而死。而种子呢，则重新孕育着希望，等到环境条件合适时，它可以重新长出竹子来。"

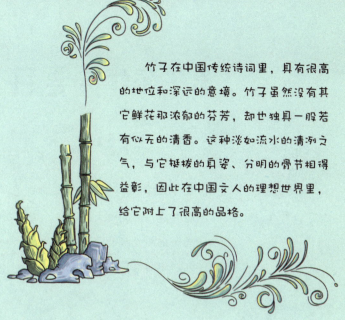

竹子在中国传统诗词里，具有很高的地位和深远的意境。竹子虽然没有其它鲜花那浓郁的芬芳，却也独具一股若有似无的清香。这种淡如流水的清冽之气，与它挺拔的身姿、分明的骨节相得益彰，因此在中国文人的理想世界里，给它附上了很高的品格。

皮特："有什么办法能让竹子不死呢？"

查尔斯大叔："好像没有吧！"

威廉："我有办法！"

查尔斯大叔："什么办法？"

这时连艾米丽都好奇地看着威廉。

威廉："竹子开花后才会死，那我们可以把它的花都摘掉，这样它就死不了了。"

众人无语……

看！牵牛花要开了

你需要准备的材料：

☆ 结有大量花蕾的牵牛花

☆ 一间有正常光线的屋子

☆ 一间24小时没有光线的屋子

☆ 一盏台灯

◎ **实验开始：**

1. 将牵牛花先放在有正常光线的屋子里，连续观察几天，看它什么时间开花；

2. 然后再把它放在24小时没有光线的屋子里，仅用一盏台灯持续照明；

3. 它还会准时开花吗？

◎有趣的发现：

你会惊奇地发现，开始牵牛花开花的时间，每天都是固定的，即一个开花的周期，大约是24小时。但当它进入黑暗的屋子后，用灯给它持续照明，它就不会在固定的时间开放了。

威廉："牵牛花为什么会准时开花呀？"

皮特："用灯照明以后，怎么又不开了？"

查尔斯大叔："虽然影响植物开花时间的主要因素，因植物种类的不同而各有差异，但大多数的植物都有一个生物钟，也就是它们的内在节律。植物在什么时间里开花，都是由这个'钟'所决定的。牵牛花一般都在早晨四点钟开放，但放在没有光线的屋子里后，虽然用灯给它持续照明，但是这也打破了它的生物钟，所以它不会按时开放。"

牵牛花还叫喇叭花，这是为什么呢？原来啊，盛开着的牵牛花，花朵的形状跟我们生活中的小喇叭很相似。每当清晨的露水刚刚洒下，它们就一个跟着一个绽放了。远远看去，有粉红色的、蓝色的、紫色的，在一根根蔓藤上开得满满的，就好像在开一场音乐会一样，顿时都有可能流出动听的音符。

威廉："牵牛花真的会那么准时开花吗？"

艾米丽："当然！"

威廉："我怎么从来没有发现它会开花呀！"

艾米丽微微一笑，没理威廉。

查尔斯大叔："因为你是个小懒虫啊！"

艾米丽："对呀，你起床的时间肯定不会是早上四点钟吧！"

水果的奥秘

你需要准备的材料：

☆ 几个苹果

☆ 几个荔枝

☆ 几个桔子

☆ 几个梨

◎ **实验开始：**

1. 先拿出苹果，观察它们的果蒂、外观；

2. 再分别观察桔子、梨和荔枝；

3. 拿起苹果、桔子、梨和荔枝，尝一尝，你有什么发现？

◎有趣的发现：

你会惊奇地发现，苹果果蒂大的味道甘美爽口，汁多皮薄；果蒂小的既酸又涩，汁少皮厚。桔子果蒂大的个大皮薄，核小且少；果蒂小的发酸，核多而且皮厚个小。颈部深的梨个大光滑，形美，味佳汁多，口感好；颈部浅的有麻点，水分少而且干涩。荔枝壳上之"刺"若为针尖状，汁多且甜，核小壳薄；相反，其刺为圆形者不仅汁水少，且淡而无味，核大壳也厚。

皮特："以前都没仔细观察，水果之间竟有这么多的区别呀。"

艾米丽："这都是因为什么呢？"

查尔斯大叔："呵呵，水果酸与甜的味道，和温度、土壤、肥料、日照、树龄等有很大的关系。当然，品种、产地、形状的差异，也会影响水果的味道和口感。"

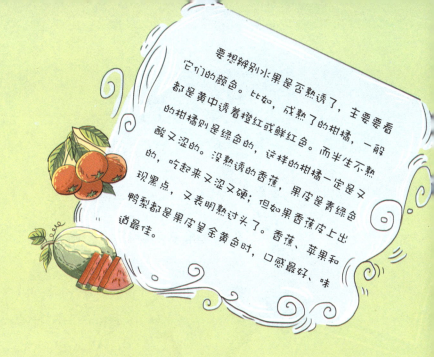

要想辨别水果是否熟透了，主要要看它们的颜色。比如，成熟了的柑橘，一般都是黄中透着橙红或鲜红色。而半生不熟的柑橘则是绿色的，这样的柑橘一定是又酸又涩的。没熟透的香蕉，果皮是青绿色的，吃起来又涩又硬；但如果香蕉皮上出现黑点，又表明熟过头了。香蕉、苹果和鸭梨都是果皮呈金黄色时，口感最好、味道最佳。

皮特："水果原来有这么多学问呀！"

艾米丽："其实我早就发现了，是你不注意观察而已！"

查尔斯大叔："呵呵，艾米丽一直是一个爱观察的孩子。"

空空的竹子

你需要准备的材料：

☆ 一根竹子

☆ 一把刀

◎ **实验开始：**

1. 用手指叩击竹壁，观察有什么不一样的地方；

2. 用刀切开竹子，看看它里面有什么东西。

◎ 有趣的发现：

你会惊奇地发现，用手指叩击竹子的时候，里面似乎有回声。用刀切开以后，发现竹子内部居然是空的。

皮特："为什么竹子是空心的呢？"

查尔斯大叔："呵呵，树木是实心的，但竹子不同于树木，它是空心的。水稻、小麦、芦苇和芹菜等也和竹子一样，中心是空的。最早的时候，这些植物和别的植物一样是实心的，但是在长期的进化过程中，它们不断变化，茎渐渐变成空心的。因为，空心茎比实心茎更有利于它们的生存。拿竹子来说，竹子本身又细又高，是很容易被折断的，但是由于它的茎变成了空心，就像"Z"字一样，能支撑住外界较大的力量，所以不容易被折断。"

说起竹子，你一定不会感到陌生。它的身材修长而挺直，虽然粗壮，却很坚韧，很难被风力和人力折断。竹子的外形非常漂亮。一个一个的竹节，细细长长的竹叶，一年四季都身披"绿衫"，生机勃勃、青翠欲滴，给人们带来了一种美的享受。所以，竹子经常出现在文人的笔下和画家的画纸上。

艾米丽："听说熊猫爱吃竹子？"

查尔斯大叔："是呀，熊猫最爱吃竹子了。"

威廉："为什么呀？"

皮特："因为熊猫最爱它的牙齿了，竹子是空心的呀。若是实心的话，它的牙就会被磕掉了。"

查尔斯大叔："……"

"游泳"的樟脑丸

你需要准备的材料：

☆ 一个透明的玻璃瓶

☆ 少量白醋

☆ 少量苏打粉

☆ 一根小木棍

☆ 一粒樟脑丸

◎ 实验开始：

1. 向玻璃杯中倒入少量白醋；

2. 将少许苏打粉倒入白醋中；

3. 用小木棍把玻璃杯里的液体搅拌均匀；

4. 把一粒樟脑丸放入搅拌好的溶液中；

5. 你会发现什么？

◎有趣的发现：

你会惊奇地发现，那粒樟脑丸就像有了生命一样，在溶液中一会儿上一会儿下地运动，就像一条活泼的小金鱼在自由地游动着。

皮特："为什么那粒樟脑丸会像小鱼一样地上下运动呢？"

艾米丽说："你没发现一开始向玻璃瓶里放了一些白醋和苏打粉吗？我想一定与它们有关系。"

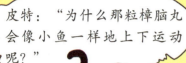

查尔斯大叔："还是艾米丽观察得仔细。这是因为白醋与苏打粉混合后，会产生大量的二氧化碳。这些二氧化碳会以气泡的形式吸附在樟脑丸的表面，这会导致樟脑丸的浮力增大，于是就浮出了液面。但是这些气泡遇到空气后就会消失，于是失去气泡的樟脑丸浮力减小，又开始下沉。下沉到一定深度的时候，樟脑丸的表面会再次布满气泡，于是它会再次浮出液面。如此循环往复，我们就看到来回'游泳'的樟脑丸了。"

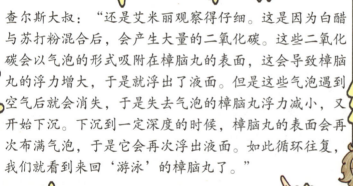

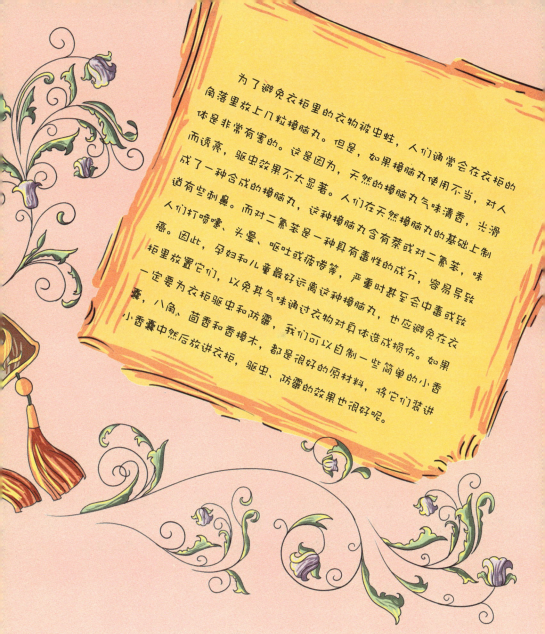

为了避免衣柜里的衣物被虫蛀，人们通常会在衣柜的角落里放上几粒樟脑丸。但是，如果樟脑丸使用不当，对人体是非常有害的。这是因为，天然的樟脑丸气味清香，光滑而透亮，驱虫效果不太显著。人们在天然樟脑丸的基础上制成了一种合成的樟脑丸，这种樟脑丸含有萘或对二氯苯，味道有些刺鼻。而对二氯苯是一种具有毒性的成分，容易导致癌。因此，孕妇和儿童最好远离这种樟脑丸，也应避免在衣柜里放置它们，以免其气味通过衣物对身体造成损伤。如果一定要为衣柜驱虫和防霉，我们可以自制一些简单的小香囊，八角、茴香和香樟木，都是很好的原材料，将它们装进小香囊中然后放进衣柜，驱虫、防霉的效果也很好呢。

皮特："我最不喜欢樟脑丸了！"

艾米丽："嘻嘻，那是因为你不爱卫生！"

皮特："胡说！我在衣柜里放了纯天然的樟树叶。"

查尔斯大叔："哈哈，那恐怕起不到防蛀的效果吧！"

不变色的大豆

你需要准备的材料：

☆ 刀片

☆ 一点红墨水

☆ 两个带有盖子的透明玻璃缸

☆ 一把大豆种子

☆ 一张桌子

◎ **实验开始：**

1．取大豆新种子及旧种子各10粒（如没有旧种子，可用沸水将一部分新种子杀死以作对照），混合后放在30℃～35℃的水中浸泡8～10小时，使种子充分吸水；

2．取出已吸胀的大豆种子10粒，沿胚中线纵向切成两半，取其中的一半置于培养皿中，加入红墨水浸泡10分钟；

3．取出染色后的种子，用清水充分冲洗至洗液无色为止；

4．对比观察所冲洗的种子胚部的着色情况。

◎有趣的发现：

你会发现，有些种子的胚部没有被染色，而有些则被染成了红色。

艾米丽："挺有意思的，为什么会这样呢？"

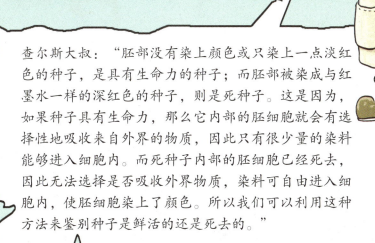

查尔斯大叔："胚部没有染上颜色或只染上一点淡红色的种子，是具有生命力的种子；而胚部被染成与红墨水一样的深红色的种子，则是死种子。这是因为，如果种子具有生命力，那么它内部的胚细胞就会有选择性地吸收来自外界的物质，因此只有很少量的染料能够进入细胞内。而死种子内部的胚细胞已经死去，因此无法选择是否吸收外界物质，染料可自由进入细胞内，使胚细胞染上了颜色。所以我们可以利用这种方法来鉴别种子是鲜活的还是死去的。"

大豆一般是椭圆形或球形，含有非常丰富的蛋白质。我们日常生活中经常食用的有黄豆、青豆和黑豆，它们的颜色分别是黄色、淡绿色和黑色。我们可以用大豆来制作各种营养美味的豆制品，还可以压榨大豆油、制作酱油等。而用剩的豆渣或磨成粗粉的大豆还可以用作禽畜的饲料。中国、日本和朝鲜是食用豆腐历史最悠久的国家，已经有几千年了，各种种类、不同软硬的豆腐，应有尽有。欧美国家的人民现在也开始吃豆腐了，但是一般都是用来代替他们喜欢的奶制品。

皮特："知道我的牙齿为什么这么好吗？"

艾米丽："哼，像你这种不爱刷牙的人，牙齿怎么会好呢！"

查尔斯大叔："呵呵，我猜跟吃大豆有关系吧。"

皮特："嗯，看来你也经常吃。"

麦子萌芽需要阳光吗

你需要准备的材料：

☆ 两个盘子
☆ 一些湿沙
☆ 20粒麦子
☆ 一个纸箱子

◎ **实验开始：**

1．在两个盘子里分别放入一些湿沙；

2．在两个盘中分别拌入10粒麦子；

3．把一个盘子放在阳台上，另一个盘子用纸箱罩上，两个盘子都要保持麦子的湿润，直到实验结束；

4．一周后对比两盘种子。

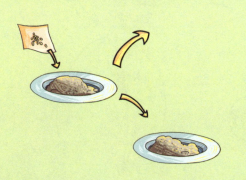

◎ 有趣的发现：

你会发现，被纸箱罩上的那盘种子跟放在阳台上能见到阳光的种子一样，都发芽了。

皮特："好神奇啊！我也要试下！"

艾米丽："大叔，为什么见不到阳光的那盘种子也一样发了芽啊？"

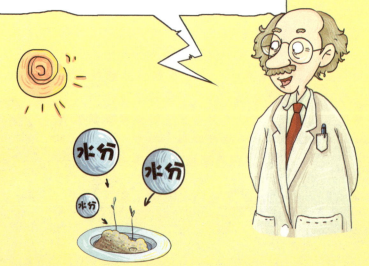

查尔斯大叔："这说明麦子种子的萌发和阳光没有多大关系。因为在水分充足、空气流通和温度适宜的环境下，麦子种子只依靠它们自己内部贮藏的养料和营养就能够萌发，并不需要进行光合作用，所以有没有阳光的照射，对它们自然就没什么影响了。"

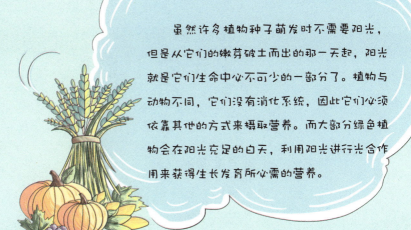

虽然许多植物种子萌发时不需要阳光，但是从它们的嫩芽破土而出的那一天起，阳光就是它们生命中必不可少的一部分了。植物与动物不同，它们没有消化系统，因此它们必须依靠其他的方式来摄取营养。而大部分绿色植物会在阳光充足的白天，利用阳光进行光合作用来获得生长发育所必需的营养。

皮特："哈哈，真是愚蠢的实验！"

查尔斯大叔："为什么这么说？"

皮特："只要动动脑筋就知道种子发芽跟阳光没有关系了！"

查尔斯大叔："说来听听。"

皮特："我爷爷每年去种玉米的时候都会带上我。我们把玉米种子埋进土壤里，过段时间它们就发芽了。埋在地里不就意味着见不到阳光吗？"

查尔斯大叔："是啊！玉米种子发芽也是这个道理，你总算聪明一次了！"

皮特："哼！我一直就很聪明！"

玉米向下跑

你需要准备的材料：

☆ 一簸箕湿沙土

☆ 几粒玉米种子

☆ 一把小刀

◎ **实验开始：**

1．将玉米种子放在湿沙土里，保持适宜的温度和湿润的条件；

2．待种子长出 1 ~ 2 厘米的根时，选出两株，将它们的根沿水平方向放置；

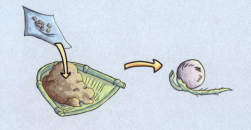

3．把其中一株玉米根的尖端切去；

4．一周后观察两株玉米根的变化。

◎ 有趣的发现：

几天后你会发现，没有切除尖端的根自动向下弯曲生长，而切去尖端的根似乎迷失了方向，径直沿水平方向生长。

威廉："怎么会这样？"

艾米丽："是啊，为什么呢？"

查尔斯大叔："植物的根一般都能'感觉'到重力的刺激，因此具有向地生长的特性，所以水平放置的根会弯曲并自动向下生长。而只有位于根部尖端的根冠，才有能力感受和控制根的这种特性，并受重力的影响，分泌出一种可以控制根的弯曲方向的生长素。所以，根冠一旦被切除，根就不会再向下弯曲了。"

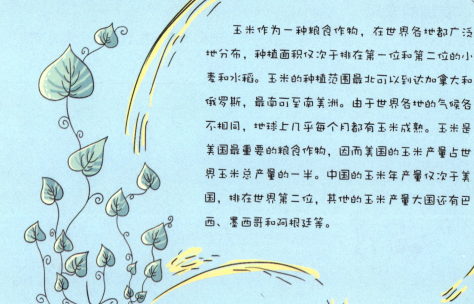

玉米作为一种粮食作物，在世界各地都广泛地分布，种植面积仅次于排在第一位和第二位的小麦和水稻。玉米的种植范围最北可以到达加拿大和俄罗斯，最南可至南美洲。由于世界各地的气候各不相同，地球上几乎每个月都有玉米成熟。玉米是美国最重要的粮食作物，因而美国的玉米产量占世界玉米总产量的一半。中国的玉米年产量仅次于美国，排在世界第二位，其他的玉米产量大国还有巴西、墨西哥和阿根廷等。

皮特："什么植物没有根？"

查尔斯大叔："浮萍。"

皮特："没根的植物才自由！"

查尔斯大叔："哈哈，傻小子。你没听说过根深才能叶茂吗？"

皮特："哼，叶茂有什么用？"

查尔斯大叔："当然有用了。没有根的浮萍就像没家的人，你说可怜不？"

"探头"的牵牛花

你需要准备的材料：

☆ 几粒牵牛花籽

☆ 一个大一点的纸盒子

☆ 一个花盆

◎ **实验开始：**

1．把牵牛花籽种在小花盆里；

2．在纸盒内用硬纸做一个隔墙，将盒子内部分为两部分，并在隔墙的下方留一点空隙；

3．等到花籽发芽长成幼苗后，将小花盆放进盒子中隔墙的左侧；

4．在隔墙右侧的盒壁上开一个小窗，然后盖上盒盖，把纸盒放在阳台上；

5．一周后观察有何变化。

◎有趣的发现：

一个星期后，你会发现，牵牛花秧会穿过隔墙下方的缝隙，自隔墙的左侧空间钻到右侧空间，并从小窗中探出来。

皮特："为什么会这样？"

查尔斯大叔："在植物细胞里有一种对光线非常敏感的生长素，它可以控制植物发育和生长的方向，所以呢，只要盒内有一点光线存在，这种生长素就能发挥作用。"

只要我们细心观察，就会在许多植物的身上发现这种向光生长素作用的痕迹。其中，向光性最强的植物之一，就是我们都很熟悉的向日葵了。光是听它的名字，就知道它是向着太阳光所在的方向生长的。太阳就好像是向日葵的心上人一般，当它自东方升起时，向日葵的花盘就会迎向东方，直直地注视着它；当它移动到正空时，向日葵还是不知疲倦般地仰着头盯着它瞧；等到它落向西方时，向日葵还毫不放弃地追随着它的身影；直到太阳消失了踪影，夜幕降临，空留向日葵垂头丧气地在那里黯然神伤。

此外，有些树木每日朝向阳光的那一侧，通常都是枝繁叶茂，并向着太阳的方向努力延伸着；而背光的那一侧通常枝叶有些稀疏，生长速度也很慢。

皮特："人要是有向光性就好了！"

查尔斯大叔："为什么？"

皮特："这样就不需要指南针了！"

查尔斯大叔："傻小子。向光性只能让你成为跟屁虫。"

皮特："为什么？"

查尔斯大叔："你得跟着太阳走呀！"

油菜的水哪去了

你需要准备的材料：

☆ 4片大小相同的油菜叶

☆ 一把小刀

☆ 一盒凡士林

◎ 实验开始：

1．在一株油菜上剪取4片大小相同的叶片，把叶柄的切口处分别涂上凡士林；

2．把4片叶子分别标上"1""2""3""4"四个号码，用纸牌标好固定在线上；

3．把1号叶片的上下表面都涂上凡士林；

4．把2号叶片的上表面涂上凡士林；

5．把3号叶片的下表面涂上凡士林；

6．最后用带牌号的线栓住4片叶子的叶柄挂在通风的地方。

◎有趣的发现:

过两三天后, 1号叶片仍旧鲜绿鲜绿的, 就好像刚刚从油菜茎上剪下来一样。2号叶片, 凡士林只涂在叶片上表面, 叶片枯黄了。3号叶片, 凡士林只涂在叶片下表面, 叶片鲜绿如新。4号叶片没有涂凡士林, 整个叶片已枯黄萎缩了。2号和3号两片叶, 因为涂的表面不同, 所以出现了很大的差异; 而1号与4号叶片的差异就更大了。

皮特: "为什么会这样?"

查尔斯大叔: "这是因为所有的植物叶片都长有气孔, 植物除了靠根来吸收水分外, 还靠叶片上的气孔来吸收水分和交换空气。因此, 当用凡士林堵住被剪下的油菜叶面时, 水分就不会通过气孔蒸发, 因此在两三天后依旧保持新鲜的模样, 而没有被凡士林涂抹的叶片则因水分蒸发而变得枯黄。至于涂抹了上表面或下表面所导致的不同结果, 则是因为陆生植物的叶子背面气孔比正面多, 如果气孔多的背面没有被堵住, 水分蒸发的速度就会加快, 那植物就会逐渐枯黄了。"

油菜也叫油白菜，最早就生长于我国。油菜的叶片是深绿色的，菜柄跟白菜的菜柄相似，是十字花科的白菜的一类变种。油菜的生命力很强，适应能力也很好，我国大江南北皆有种植，因此一年四季都可以在市场里买到。油菜是一种营养很丰富的蔬菜，也是人们喜欢食用的主要蔬菜之一。油菜还有一定的药用价值，有口腔溃疡、齿龈出血、牙齿松动等症状的患者都适合经常食用它。

皮特："我们为什么要用凡士林？"

艾米丽："或许是怕手上的水分流失掉吧！"

皮特："真是愚蠢，多喝水不就OK了。"

查尔斯大叔："水喝多了你老想上厕所。"

胡萝卜爱"喝水"

你需要准备的材料：

☆ 一根胡萝卜　☆ 一瓶墨水

☆ 一把小刀　　☆ 一小块泡沫

☆ 一袋白糖　　☆ 一根吸管

☆ 一杯水

◎ 实验开始：

1. 将胡萝卜洗干净，用刀在上端挖一个 2～3 厘米深的小窟窿；

2. 用水把小窟窿洗干净，并清除掉窟窿里的碎块；

3. 在小窟窿中灌入由水和糖混合成的糖水，水和糖的比例为1∶2，并在糖水中滴入一点墨水，使它染上红色或蓝色；

4. 用穿了孔的泡沫块把小窟窿塞紧，孔里插入一根透明的吸管；

5. 用刀削掉根的下端，使水更容易通过根部；

6. 把根放到盛水的玻璃杯里。

◎ **有趣的发现：**

半小时后，就可以看到溶液沿着吸管缓缓上升。

皮特："哇！太神奇了！"

艾米丽："怎么会变成这样啊？"

查尔斯大叔："这是因为胡萝卜是长在地底下的，也就是整个植株的根部。胡萝卜以直根入土，根系扎的很深；其他以须根入土的植物，根系扎得就浅一些。相对来说，胡萝卜这种直根入土的植物，根部吸水能力也比其他以须根入土的植物要强得多。因此，将削掉一段根部的胡萝卜放入水中，它会以很快的速度吸收大量的水，而它体内的水分一旦增加，就会压迫被泡沫塞住的小窟窿里带颜色的水，使其顺着吸管向外排出，也就是我们刚刚看到的现象了。"

胡萝卜除了富含胡萝卜素之外，还富含多种维生素和矿物质，是一种对人体非常有益处的蔬菜。胡萝卜中所含有的维生素B2和叶酸具有抗癌作用，经常食用可以降低癌症的发病率，因此被称为"预防癌症的蔬菜"。在美国，已经有科学家用研究结果向社会各界表明，常吃胡萝卜可以预防肺癌。

皮特："听说胡萝卜很有营养。"

艾米丽："那当然！而且还能美容。我就非常爱吃。"

皮特："那你为什么还那么丑？"

艾米丽："……"

变甜的土豆

你需要准备的材料：

☆ 两个大土豆

☆ 一把小刀

☆ 一袋白糖

☆ 一个盘子

☆ 一口锅

◎ **实验开始：**

1. 拿两个大土豆，把其中一个放在水里煮几分钟；

2. 把两个土豆的顶部和底部都削去一片，然后在两个土豆顶部的中间位置各挖一个洞；

3. 在每个洞里放进一些白糖，然后把它们直立在有水的盘子里。

◎有趣的发现：

几个小时以后，生土豆的洞里充满了水，而熟土豆里仍然是白糖颗粒。

皮特："难道生土豆口渴吗？"

查尔斯大叔："当然不是，这是因为生土豆的细胞是活的，每一个细胞就像一个小小的孔道，能够让水分子从这里通过。所以盘里的水能够经过土豆细胞渗入洞中。而煮过的土豆细胞已被破坏，孔道不存在了，所以没有渗透功能。不信你可以尝尝放生土豆的盘子里的水，有甜味吗？肯定没有。怎么回事呢？其实原因是在细胞膜上。土豆的细胞膜好像筛子一样，只可以让小于筛子孔的细胞通过，大于筛子孔的细胞就过不去了。而白糖的分子比较大，通不过细胞膜，盘里的水当然就不会甜了。"

在气温较暖、保管不善情况下，土豆会长出嫩芽，这种土豆的表皮和芽眼中含有龙葵素物质。龙葵素毒性很强，一个人只要吃进一点点，就会中毒，出现头痛、头晕、恶心、呕吐、腹泻等症状，严重时还会因呼吸困难而死亡。

皮特："听说多吃土豆，既营养，又不会引起肥胖呢！"

艾米丽："真的吗？我最喜欢吃炸薯条了，以后我要天天吃！"

查尔斯大叔："呵呵，那你可要失望了，薯条和薯片这种油炸或膨化食品，会导致体重增加。"

皮特："哈哈，我说艾米丽最近怎么好像变圆了！"

艾米丽："哼，那是你的眼睛有问题！"

水培植物

你需要准备的材料:

☆ 一个外形美观、大小适中的新鲜洋葱

☆ 两根细木棍或竹丝

☆ 一个杯口比洋葱大一点的水杯

◎实验开始:

1. 把洋葱洗干净之后,用两根细木棍或竹丝以十字状将它穿过,并架在杯口上;

2. 在杯里倒入清水,保证洋葱的小部分根须能浸在水中;

3. 把杯子移到阳台上。

◎ **有趣的发现：**

数天以后，洋葱便可长出长长的根和嫩绿的叶。

威廉："呵呵，还挺漂亮呢！"

艾米丽："是，我也要试下！说不定以后可以帮妈妈养花了！"

查尔斯大叔："植物适不适合水培，要看它们的习性和内部的结构。不同的植物，对水中的容氧量的需求也各不相同。无法进行水培的植物，是因为水中的容氧量不能满足它的需求。有些植物的体内具有很发达的通气组织，因而利用光合作用产生的氧气就可以通过这些通气组织来维持自身的呼吸；还有些植物在茎部长有气生根，这些气生根可以在空气中吸收大量的氧气来维持自身的呼吸。因此，这些植物都适合水培。洋葱根部的通气组织比较发达，能够大量吸收水中的氧气，因此比较适合水培。"

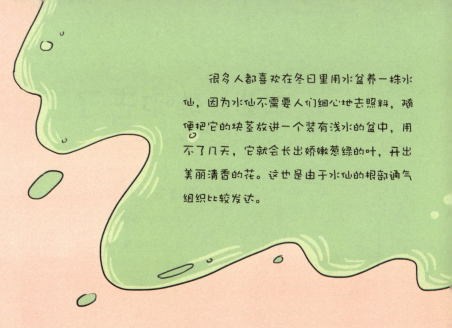

很多人都喜欢在冬日里用水盆养一株水仙，因为水仙不需要人们细心地去照料，随便把它的块茎放进一个装有浅水的盆中，用不了几天，它就会长出娇嫩葱绿的叶，开出美丽清香的花。这也是由于水仙的根部通气组织比较发达。

皮特："知道我拳头硬的缘故吗？"

艾米丽："闭嘴吧，谁不知道你是坏小子！"

查尔斯大叔："呵呵，我想跟洋葱有关系，因为洋葱很有营养，常吃能使你的身体变强壮。"

皮特："嗯，我们全家都很喜欢吃爆炒洋葱……"

艾米丽："我知道了！你是用拳头把洋葱打碎的吧。"

皮特："嗯。"

查尔斯大叔："这是为什么？"

皮特："因为我妈妈懒得动刀。"

二氧化碳哪去了

你需要准备的材料：

☆ 一个有严实盖子的玻璃瓶

☆ 几棵能插进瓶里的植物，例如青草

☆ 一根蜡烛

☆ 一根铁丝

◎ 实验开始：

1. 在瓶底放一些泥土；

2. 把几棵植物栽到瓶子里；

3. 种好植物后，在泥土上浇上一些水；

4. 取一根蜡烛，拴上一根铁丝，以便能放入瓶内或取出来；

5. 把蜡烛点燃，放入瓶内，然后把盖子盖严，不要让空气进去；

6. 过12~24个小时后，小心地取出蜡烛，立即把盖子盖好；

7. 点燃蜡烛后再放到里面；

8. 把盖好的瓶子放在阳光下，使植物生长；

9. 10天后，点上蜡烛再做第一次的实验。

◎有趣的发现：

第一次把蜡烛点燃放入瓶内盖严，蜡烛在里面燃烧了一会儿就会熄灭。过12～24个小时后，小心地取出蜡烛，立即把盖子盖好，点燃蜡烛后再放到里面，蜡烛会立即熄灭。10天后，点上蜡烛再做第一次的实验，你会发现，这次蜡烛燃烧的时间和第一次试验的时间一样长。

威廉："难道蜡烛有记忆？"

艾米丽："为什么会这样？"

O_2

CO_2

查尔斯大叔："第一次把蜡烛点燃放入瓶内盖严，蜡烛在里面燃烧了一会儿就会熄灭，这是由于里面的氧气用完了。过12～24个小时后，小心地取出蜡烛，立即把盖子盖好，点燃蜡烛后再放到里面，蜡烛会立即熄灭，这是由于瓶子里面还被二氧化碳所占据，没有氧气，在你迅速打开瓶盖的时候，二氧化碳比空气重，所以不会一下子跑出来。10天后，点上蜡烛再做第一次的实验，你会发现，这次蜡烛燃烧的时间和第一次试验的时间一样长。这说明植物的绿叶吸收二氧化碳，放出了氧气。"

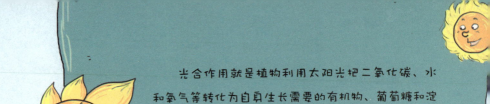

光合作用就是植物利用太阳光把二氧化碳、水和氧气等转化为自身生长需要的有机物、葡萄糖和淀粉。因此植物必须进行光合作用，就如同我们必须吃饭一样。植物也有呼吸，并且不管是白天还是黑夜都不曾中断。由于白天植物可以进行光合作用，因此植物在白天主要吸收二氧化碳而放出氧气；但是夜间植物几乎无法进行光合作用，因此就只会吸收氧气而放出二氧化碳。

皮特："我最讨厌植物供给我们氧气的说法了，感觉怪怪的。"

艾米丽："那是因为你不热爱大自然！"

皮特："安静点吧，你总是喜欢跟我作对。"

查尔斯大叔："呵呵，植物供给我们氧气的行为，很值得我们热爱它们。"

皮特："可是，我们还供给它们二氧化碳了呢！"

糯米和粳米

你需要准备的材料：

☆ 几粒煮熟的糯米粒和粳米粒

☆ 两块玻璃片

☆ 一瓶消毒用的医用碘酒

◎ **实验开始：**

1. 把煮熟的糯米粒和粳米粒，分置于两块玻璃片上；

2. 取一瓶消毒用的医用碘酒，分别在两块玻璃片上滴上一滴碘酒。

粳米粒和碘接触呈现出蓝色，糯米粒和碘接触呈现出红棕色。

皮特："糯米和粳米中淀粉含量都高，为什么遇碘会变成不同的颜色呢？"

查尔斯大叔："富含淀粉的作物，在被煮熟的过程中，内部的淀粉会在不同程度上被溶解一部分，而溶解的那部分叫直链淀粉，与碘作用会变成蓝色。其余未溶解的那部分叫支链淀粉，与碘作用会变成红棕色。在煮熟的粳米中，淀粉溶解得比较彻底，因此含有大量的直链淀粉，所以滴上一滴碘酒后，就呈现出蓝色；而在煮熟的糯米中，淀粉基本上没有被溶解，因此含有的淀粉基本上都是支链淀粉，所以滴上碘酒后呈现出了红棕色。这样一来，我们就可以凭借这个实验来区分糯米和粳米。"

淀粉在水中被加热的过程中，会溶解出一些糊状的溶液，这种现象就是淀粉的糊化。淀粉的糊化可以使食物中的团粒结构发生改变或者被破坏掉，因而具有帮助人体消化的作用。这也是我们吃了煮熟的饭会感觉很舒服，而吃了夹生饭却经常消化不良的原因。不过已经糊化了的淀粉，在冷却的时候会出现回生的现象，由软变硬，跟没煮熟之前的状态差不多。所以我们要尽量避免吃冷却了的米饭和面食，不仅口感很差，而且还难以消化。

皮特："我总是刚吃完饭就感觉到饿。"

艾米丽："你的消化系统真是好得可怕，那你以后就只吃没煮熟的米饭吧。"

查尔斯大叔："呵呵，那可不行，你可以多吃点糯米，黏性大的食物会消化得慢一些。"

葱汁会留言

你需要准备的材料：

☆ 两根葱

☆ 一支毛笔

☆ 一张白纸

☆ 一根蜡烛

◎ **实验开始：**

1. 剪去葱叶，留下葱白；

2. 用手挤出葱汁，然后用毛笔蘸葱汁在一张白纸上写字；

3. 过一会儿，等葱汁干了，白纸上看不见字迹的时候，把这张白纸放在烛火上烘烤。

床前明月光
锄禾日当午

◎ **有趣的发现：**

你会发现，棕色的字显现出来了。

皮特："厉害，我看我明天就可以成为魔术师了！"

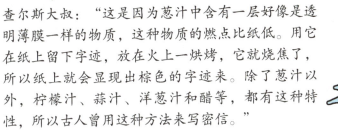

查尔斯大叔："这是因为葱汁中含有一层好像是透明薄膜一样的物质，这种物质的燃点比纸低。用它在纸上留下字迹，放在火上一烘烤，它就烧焦了，所以纸上就会显现出棕色的字迹来。除了葱汁以外，柠檬汁、蒜汁、洋葱汁和醋等，都有这种特性，所以古人曾用这种方法来写密信。"

葱含有挥发性硫化物，具特殊辛辣味，是重要的解腥、调味品。中医学上，葱有杀菌、通乳、利尿、发汗和安眠等药效。

皮特："我只听说过用墨水写字。"

艾米丽："那是因为你孤陋寡闻。"

查尔斯大叔："呵呵，用笔写字更方便。"

皮特得意地笑了笑。

艾米丽撇了撇嘴。

番茄带电了

你需要准备的材料：

☆ 两根铜芯电线

☆ 一只回形针

☆ 一个西红柿

◎实验开始：

1. 把回形针的一头弄直并插入西红柿里；

2. 分别把两根电线两端的塑料皮剥去，然后将其中一根电线的一端插入西红柿；

3. 插入西红柿的回形针和铜芯线尽量靠近但不能相碰；

4. 将另一根电线一端的铜丝线与回形针牢固地连接在一起；

5. 用舌尖接触从西红柿中引出的两根线，看有什么感觉。

◎有趣的发现：

你会发现，舌尖会有酸味与刺痛的感觉。

皮特："威廉，你应该尝试下！"

威廉："哼！我比你勇敢多了，早试过了！"

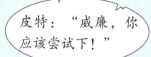

查尔斯大叔："舌头上那种麻麻的感觉，就是电流导致的。在一种叫作电解液的物质中，只要放入两种不同的金属，就能形成电池。而西红柿的汁液就是一种电解液，铜线和回形针则是两种金属。把铜线和回形针插进西红柿，就组成了电池，因此当你们用舌尖去碰触两根电线的尖端时，舌头就会感觉到微弱的电流了。"

过去，中国人习惯把那些从西方国家传入中国的事物称为"番某某"或"西某某"。而番茄的外形，与我们常见的圆形的小个儿紫皮茄子很相似，因此被称为"番茄"，意思是"外国茄子"。同时，番茄还与中国的柿子长得很像，因此很多中国人又叫它"西红柿"，意思是"西方国家的红色柿子"。知道了这两个名字的含义，你是不是觉得很有趣呢？

皮特："原来只要是前面带有'番'和'西'字的东西，就是从外国传进来的啊。"

查尔斯大叔："那你知道还有什么吗？"

艾米丽："我知道！还有西芹、西兰花、番薯和西瓜！"

查尔斯大叔："恩，艾米丽的思维转换的真快。"

皮特："哼，这些我都知道，只不过想给她一个表现的机会而已。"

查尔斯大叔："……"

"奉献自己"的红茶

你需要准备的材料：

☆ 一个已经泡过的红茶包   ☆ 一块玻璃片

☆ 一个带玻璃盖片的广口瓶   ☆ 一把镊子

◎ **实验开始：**

1．把已经泡过的红茶包晾干；

2．点燃一根香烟，用广口瓶倒立着收集一些烟雾，保持瓶口朝下，把玻璃片从一侧推着盖上；

3．把广口瓶倒过来，小心地把玻璃片移开一点，迅速把红茶包放进瓶内，推回玻璃片；

4．半小时以后打开，用镊子把红茶包取走，闻一下瓶内的空气，会发现什么？

◎有趣的发现：

当把红茶包放进广口瓶里后，你会发现，瓶内的烟雾越来越少，最后完全消失了，半小时以后，闻一下瓶内的空气，几乎闻不到烟味。

艾米丽："真厉害，怎么会这样？"

查尔斯大叔："这是因为红茶把有害的烟雾全都吸附在自己身上了。正是因为它具有这种特性，许多人都喜欢在冰箱、鞋柜等容易出现异味的地方放置几个这样的红茶包，以起到消除异味的作用。"

红茶原产自中国，最早被发现的红茶是生长在中国福建省武夷山茶区的"正山小种"。红茶属于全发酵茶类，以每株茶树幼嫩的芽叶为原料，经过许多道复杂、讲究的工序精制而成。红茶在最开始被人们称为"乌茶"，后来因为它被冲泡之后茶汤呈红色，又被改称为"红茶"。我国的红茶种类很多，但是最为有名的还要数祁门红茶了。

皮特："我要买红茶。"

艾米丽："应该让威廉用点红茶。"

皮特："干什么？"

艾米丽："除除他身上的臭味。"

大树几岁了

你需要准备的材料:

☆ 一段比较粗的树干

☆ 一把锯子

◎ **实验开始:**

1. 用锯子将这段树干锯断;

2. 仔细观察,你会发现什么?

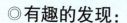

◎**有趣的发现:**

你会发现，树干截面有几圈花纹。

威廉："是不是因为树都是转着圈生长造成的啊，呵呵！"

皮特："我发现你头顶上也有一圈圈花纹！"

威廉："别瞎说！"

查尔斯大叔："这些圆形的花纹，叫作年轮。一棵树有多少圈年轮，就意味着它有多少岁。这是因为树木在每年的春夏时节都会生长出大量的新细胞，但是这些新细胞的个头儿比较大，因此由它们组成的木质较为疏松，颜色也较浅。而进入秋天后，天气由暖变冷，降雨量也少了，新细胞的生成速度减缓，生长出的细胞的个头儿也变小了，因而木质质地细密，颜色也深。而这些木质由于疏密和颜色深浅不同，就形成一圈清晰的年轮。年复一年，年轮也就不断增多了。"

年轮的宽窄，与树木生长的环境和它自身的生命强度都有直接的关系。一般在气候条件优越的情况下，树木的生长环境好，新生的木质部分就多，年轮也就较宽；反之，年轮就窄。因此如果树木的年轮一直比较宽，就表示它的生长力很强，生长环境也很优越。还有的树木年轮一直很窄，可是数年后突然就变宽了，这表明近几年当地的环境和气候都变得很适宜，对树木的生长有利。

皮特："人要是有年轮就好了。"

查尔斯大叔："为什么？"

皮特："那就能看出人的年龄了。"

"流血"的花

你需要准备的材料：

☆ 几朵淡色花

☆ 一瓶红墨水

☆ 一把小刀

◎实验开始：

1. 将花茎插到红墨水中，约一两天的时间，直至花朵变色，花茎不再滴水为止；

2. 用小刀切去一小截花茎；

3. 过一段时间，观察茎的切口，看会发生什么。

◎有趣的发现：

没多久，便可以在茎的切口上看见点点落下的"血"滴。

艾米丽："哇，好可怕，流血了！"

查尔斯大叔："这朵'滴血'的花是利用植物的毛细现象制作而成的。液体的表面对固体的表面有一种吸附作用，比如一根空心管插入一杯液体中，液体会顺着空心管上升到一定的高度，而这种作用就是毛细作用。因此，将花茎插在红墨水中浸泡一两天，花茎可以利用毛细现象充分吸收红墨水，这时再切开花茎，茎内的红墨水便会宛若血液般滴下来。"

毛细现象在我们的生活中有着广泛的应用，比如很多人都很喜欢养一些植物盆景，但又由于一些原因而经常忘记浇水，因此盆景植物常常因为缺少水分而干枯。这时毛细作用原理就派上用场了，我们可以找一个空饮料瓶子，并将它装满水。然后用几条布片搭在上面，保证瓶内部分浸在水中，过一段时间你会发现水竟然沿着布片向瓶子外面慢慢流出来了。这样一来，只要将这个自制的小装置放在植物盆景旁边，它就可以帮我们为植物盆景及时地浇水啦。

皮特："好雨知时节，当春乃发生……"

艾米丽："你想说什么？"

皮特："随风潜入夜，润物细无声！"

查尔斯大叔："呵呵，你是想说植物的毛细现象吧。"

皮特："嗯，还是大叔聪明。"